Fenella Smith & The Brothers McLeod

bau!

cani per tutti i gusti

CORBACCIO

Titolo originale: Breeds. A Canine Compendium

Traduzione dall'originale inglese
di Rocco Ciba

First published by Square Peg 2014

Casa Editrice Corbaccio è un marchio di Garzanti S.r.l.
Gruppo editoriale Mauri Spagnol

www.corbaccio.it

ISBN 978-88-6700-065-4

A mamma e papà Mcleod

Noi tre fratelli siamo cresciuti in una casa che nel corso degli anni ha ospitato un paio di porcellini d'India, un coniglio, due galline, una quindicina di insetti stecco, tre pesci rossi, un banco intero di pesci tropicali, quattro gatti e tre cani. Ciò è indubbiamente la prova dell'amore di mia madre per gli animali e, considerando che mio padre era allergico alla maggior parte di essi, è altresì la prova dell'amore di mio padre per mia madre.
Il nostro primo cane fece la sua comparsa nel 1985 quando io avevo dieci anni. Era una piccola West Highland White Terrier di nome Suzie. In breve venne raggiunta da Sophie, una Yorkshire con le orecchie da pipistrello. Il gatto di casa rimase imperturbabile. Anche io, per la verità. Ricordo che quando Suzie arrivò, non sapevo bene cosa pensare. Desideravo senz'altro un cane, ma la mia idea di cane era molto precisa. I cani erano grandi e biondi (in sostanza erano Golden Retriever) oppure erano delle salsicce ringhiose di colore nero (tipo Zonty, il bassotto di zia Pam). Insomma, non erano piccoli, bianchi e carucci. Comunque, dopo la delusione

iniziale, imparai ben presto a voler bene a Suzie (a parte quando ti rompeva i timpani abbaiando o quando si rotolava in sostanze nauseabonde). Era una cagnolina meravigliosa e tenera, piena di spirito e di energia. E da allora, la nostra famiglia ha accolto un Cairn Terrier, un Border Collie e un Labrador nero.

Com'è ovvio, adesso so bene che ci sono cani di tutte le dimensioni e di tutte le forme. Grazie alla plasticità del genoma canino, questi lupi addomesticati possono essere piccoli come i Chihuahua o enormi come gli Alani. I cani sono veramente gli animali più straordinari sulla faccia della Terra. pensate un po' se gli uomini avessero una simile varietà di taglia, colore, forma e forza!

Lavorando a questo libro abbiamo visto che le varietà canine sono maggiori di quanto non avremmo mai pensato. Prima di cominciare, per esempio, ignoravo l'esistenza del Catalburun, con il suo doppio naso, del Cane Nudo peruviano, o del Telomian Malese abilissimo ad arrampicare.

In senso stretto, le razze canine devono rientrare nella specie del Canis lupus familiaris. Questo libro non comprende perciò altri cani selvatici come Canis dirus o meta-lupo, volpi e sciacalli (cugini dei cani se volete), anche se sono sicuramente altrettanto interessanti.

Mia sorella Fenella e io ci siamo divertiti moltissimo a scrivere i testi e a vedere come nostro fratello Greg li illustrava. Questo libro celebra «il cane» in tutte le sue forme. Speriamo che possiate riconoscervi i tratti caratteriali dei vostri amici a quattro zampe, e conoscere nuovi amici esotici.

Myles McLeod

I miei fratelli e io abbiamo avuto un'infanzia abbastanza idilliaca. Genitori meravigliosamente divertenti, parecchi animali domestici e una libertà che difficilmente hanno i bambini supertecnologici di oggi.

I nostri genitori ci hanno incoraggiato a sviluppare la nostra personalità, la nostra capacità e la nostra visione del mondo: siamo molto diversi fra noi ma andiamo d'accordissimo. E scrivere questo libro con i miei fratelli è stato un processo di apprendimento (Myles, che è molto intelligente, mi ha insegnato un mucchio di cose sul DNA dei cani), una fonte inesauribile di risate (Greg e la sua matta idea del mondo che emerge attraverso i suoi disegni) e di ammirazione (per i miei due fratelli maggiori incredibilmente talentuosi). Ci siamo veramente divertiti a scrivere questo libro e ci auguriamo che sia altrettanto divertente da leggere. Abbiamo cercato di mescolare notizie interessanti e utili con un pizzico di sana e simpatica frivolezza... proprio come la nostra famiglia.

Fenella Smith

Affenpinscher

Conosciuto anche come cane-scimmia o piccolo diavolo baffuto. È uno di quegli adorabili cagnetti che credono di essere dei cani di grande taglia. Vieni qui e provaci se ne hai il coraggio!

Airedale Terrier

Conosciuti come i 'Re dei Terrier'. Intelligenti e abili cacciatori, si distinguono per la lunghezza, per il muso piatto e per la postura signorile. Hanno l'aria di fiduciosi orsacchiotti di pelouche.

Akita

Cani leali e ottimi compagni di gioco dalle orecchie incredibilmente soffici. Venivano utilizzati per fare da babysitter ai bambini mentre i genitori lavoravano nelle risaie. Di fondo sono dei ninja coccolosi.

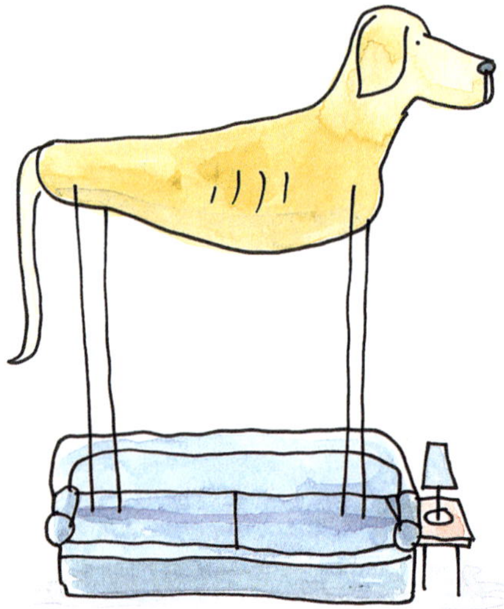

Alano

Un gigante gentile e un vero amico, purtroppo dalla vita breve. In una serata fredda scherma il calore del camino rubandolo a tutti i presenti. È consigliabile comprargli un divano tutto suo se volete continuare a usare il vostro.

Alaskan Klee Kai

Sembrano degli Husky siberiani che si sono ristretti in lavatrice. È una razza intelligente e vivace che necessita di un training ben mirato per prevenire la sindrome da cane di piccola taglia. Non aspettatevi che trainino una slitta: sono troppo carini per un lavoraccio simile.

Alaskan Malamute

Il più imponente cane artico discendente dai lupo artico. Il 'reparto scelto' dell'esercito canino, capace di trainare slitte cariche e pesantissime in condizioni proibitive. Se vengono rinchiusi, sono capaci di scavare una buca nel terreno e di prendere la via per il Polo Nord.

Australian Cattle Dog

Spesso noti sotto il nome di Heeler, questi cani curano il bestiame stando alle calcagna di ogni esemplare che resta indietro. E stanno anche alle calcagna degli umani troppo lenti... È una razza che ha bisogno di una vita attiva, quindi bisogna lasciarli liberamente correre intorno alla casa e al giardino.

Barbone

Disponibili in varie taglie - toy, nano e standard - è un cane molto intelligente, attivo e utile, oltre a essere un grande intrattenitore: ecco perché i francesi li usavano come cani da circo. Spesso la loro acconciatura e il colore con cui li tingono li fanno assomigliare a una siepe rosa.

Basset Hound

Cani curiosi e socievoli ma con l'aria triste. Possono sviluppare un carattere indisciplinato e un po' prepotente. Quando corrono sono piuttosto buffi e di solito nella Giornata-dello-Sport vengono scelti per ultimi. Aw!

Bassotto

Cani lunghi, affettuosi e curiosi. Leggermente nevrotici, passeranno la maggior parte della giornata a preoccuparsi. Sono degli eccellenti paraspifferi.

Beagle

Sono cani molto allegri. I Beagle possono trascorrere il loro tempo a correre, e ne hanno proprio bisogno, altrimenti rischiano di deprimersi. In genere se fate una passeggiata la domenica ne sentirete abbaiare almeno un paio (e non necessariamente perché c'è una caccia alla volpe in corso...)

Bearded Collie

Un bel barbone per niente musone. Capigliatura esuberante, è un tipo estroverso, socievole e affettuoso... come avere un convivente hippy.

Beauceron

I cani da pastore di Beauce sono incredibilmente forti, atletici e possono dormire all'aperto grazie al loro pelo assolutamente impermeabile. Sono ottimi cani da pastore ma in Francia, da dove provengono, erano utilizzati specificamente per difendere il gregge dai predatori. Hanno un doppio sperone, chissà, forse per combattere contro i lupi.

Bedlington Terrier

Questa graziosissima, adorabile razza è maestra nell'arte della dissimulazione! Come mai? Perché con quel mantello candido e lanoso, il Bedlington è l'archetipo del lupo travestito da agnello. Tenete presente che come carattere è più simile a un mulo che a una pecorella.

Bichon à poil frisé

Non brillano per acume, d'altro canto compensano abbondantemente con l'aspetto esteriore. L'effetto 'morbida palla di pelo' richiede parecchi sforzi. Il pelo riccio e ipoallergenico necessita di una cotonatura perfetta (e magari uno spruzzetto di lacca per capelli, quando nessuno vi osserva).

Blackmouth Cur

Di origine americana, sono cani leali e molto versatili. Amano la caccia e possono restare per ore sotto un albero per cercare di stanare uno scoiattolo. Il protagonista di 'Zanna gialla' della Disney era uno Blackmouth Cur. E beccatevi questo aneddoto...

Bobtail

Una razza energica e salterina. Adorano stare in compagnia e ti seguono passo passo per tutto il giorno. Se decidi di prenderne uno compra anche una spazzola: ti servirà.

Border Collie

I cani più intelligenti al mondo. Si dice che abbiano il cervello nella coda, tanto la tengono bassa, come se pesasse, mentre sono 'al lavoro'. Nevrotici, tendenti ai disturbi ossessivi compulsivi. Eccellenti nel radunare i bambini verso la scuola.

Border Terrier

Cani di piccola taglia dotati di zampe lunghe, robuste e infaticabili, i Border non esitano mai nel ricordarvi che è ora della passeggiata, anche se nei giorni più caldi si accontentano di prendere il sole. Invece di abbaiare e latrare, i Border tendenzialmente sbuffano e gemono. E quando si mettono su due zampe, fanno una discreta imitazione dei suricati.

Boston Terrier

Compatti e vivaci, con il loro muso corto tendono a russare o addirittura ad avere lo starnuto inverso (piuttosto scenografico). Hanno orecchie decisamente sproporzionate, quindi fate attenzione: possono sentirvi mentre parlate di loro anche se state bisbigliando.

Bovaro Bernese

Del tutto inconsapevole delle sue ciclopiche dimensioni, non sembra mai uscire dalla fase spensierata dei giochi infantili; a meno che non sia un abile travestimento della sua vera natura. Forse tutti i Bovari Bernesi sono supereroi appartenenti a un'organizzazione segreta con sede in Svizzera.

Bovaro delle Fiandre

Nome deluxe per un cane deluxe. Ottima indole e fisico possente per questo cane di origine belga che può avere il manto di diversi colori. Per capire da che parte è il muso in questo ammasso folto di pelo, cercate di scorgere il rosellino della lingua.

Boxer

Il Boxer è un clown irresistibile e non è affatto un clown triste. Si dice che a Londra ci siano dei Boxer che stanno eretti sulle zampe posteriori, vestiti in uniforme e che si spacciano per poliziotti.

Bracco Ungherese (Vizla)

questa razza ungherese è estremamente divertente e piena di turbolenta vitalità. Il Bracco Ungherese spesso può essere avvistato mentre galoppa a tutta birra nel parco prima di fiondarsi in un laghetto o in una pozzanghera. Originariamente erano cani da compagnia per la ricca aristocrazia, quindi non stupitevi se sono un po' snob.

Bull Terrier

Bianchi, con qualche macchia sporadica, i Bull Terrier potrebbero sembrare i corsari dell'universo canino, ma di fatto sono dei giocastroni dal buon carattere. Non amano essere lasciati da soli, ma in fondo a chi piace?

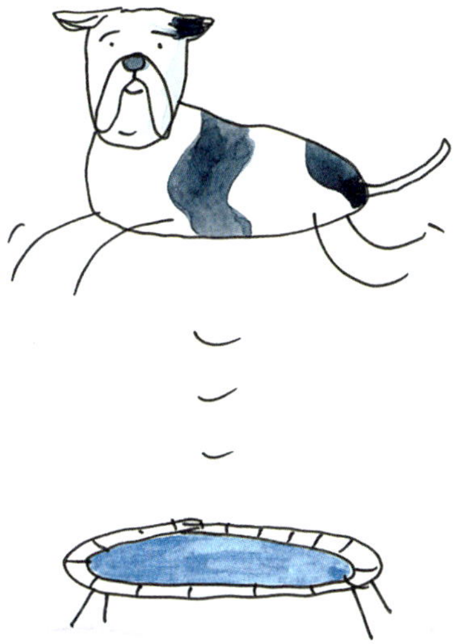

Bulldog Americano

Che cani! Possono saltare due metri in verticale, sono piuttosto emotivi e si legano profondamente al loro umano. Con gli estranei fanno un po' i sostenuti e sono eccellenti cani da lavoro e/o da guardia. Sono anche in grado di fischiettare l'inno nazionale. Con orgoglio.

Bulldog

In passato utilizzati per la caccia al bisonte. Accipicchia! Sono un po' come vecchi lottatori che si sono ammorbiditi con il tempo.

Bulldog Francese

Come un bulldog ma più chic.

Cairn Terrier

Teneri e allegri, sono disponibili nelle varianti marrone e arancio. A volte risultano un po' ottusi e confusi. E voi, attenzione a non confondere quelli color arancio con un piumino per la polvere.

Canaan Dog

È il cane nazionale di Israele, ha origini millenarie e compare su testi e disegni antichissimi. La cosa interessante è che lo si trova ancora in condizioni selvatiche. peraltro amano le feste e il loro ululato si sente a distanze enormi.

Cane Canoro della Nuova Guinea

Un po' selvatico ma molto bello.
preferisce cantare invece di abbaiare
e controlla le variazioni del suo ululato.
Sembra quasi il lamento di un fantasma
o il cigolio di una porta arrugginita.
Insomma, più o meno come andare
all'Opera.

Cane Corso

Un vero soldato, questa razza robusta discende dai cani da guerra romani! Travestimento preferito: da gladiatore.

Cane da Orso della Carelia

Una razza finlandese tosta. L'aspetto è quello di un adorabile Collie ma è un cacciatore di orsi. Sì, orsi. Occhi intelligenti ed entusiasti, pelo bianco e nero, coda soffice e a mulinello che si ripiega su se stessa.

Cane da Pastore Australiano

Questa razza festosa ed energica ha bisogno di potersi sfogare parecchio all'aperto per mantenere il buonumore. Ha avuto un mucchio di altri nomi – Pastor Dog, Spanish Shepherd, Bob-Tail – prima di approdare a questo. E non è nemmeno di provenienza australiana, figuriamoci un po'!

Cane da Pastore Belga Malinois

Un'eccellenza nell'ambito del mondo canino. I Malinois sono cani attivi e intelligenti che vengono impiegati spesso e volentieri nella Polizia e nell'Esercito. Molto affezionati ai loro proprietari, sanno nondimeno come farvi capire se non siete alla loro altezza.

Cane da Pastore dell'Anatolia

Di origine turca, sono cani in grado di fare la guardia e condurre autonomamente il bestiame senza bisogno di assistenza da parte dell'uomo. Prenotabili per presepi natalizi.

Cane da Pastore di Brie (Briard)

Molto intelligente e molto affettuoso. In Francia, da dove provengono, durante la prima guerra mondiale questi cani portavano i rifornimenti ai soldati al fronte (camembert, si suppone). Come ci riuscissero è un mistero, dato che di sicuro con tutto quel pelo sugli occhi non potevano vedere dove stavano andando.

Cane della prateria

Sì, va bene, è un cane solo di nome, non per natura. In effetti è una sorta di marmotta. Ma è pelosetto, carino e ama scavare buche, quindi perché no?

Cane di Montagna dei Pirenei

Un cane o un orso polare? Se volete come animale da compagnia un orso polare prendete uno di questi cani. Giganteschi, bianchi e soffici. E non correte il rischio di essere sbranati. Amano essere amati.

Cane Leopardo della Catahoula

Si narra che il Catahoula sia frutto di un incrocio risalente al sedicesimo secolo fra una razza europea e i cani nativi americani. Erano denominati Bastardi Catahoula, ma essendo diventati i cani simbolo della Louisiana, il Governatore li ha promossi a Leopardi.

Cane Lupo Cecoslovacco

Sono il risultato di un esperimento effettuato nel 1955 nella Cecoslovacchia socialista, quando hanno incrociato dei Pastori Tedeschi con i lupi dei Carpazi. Hanno un'enorme resistenza e sono stati monitorati mentre percorrevano cento chilometri in sole otto ore. Attenzione postini poco in forma!

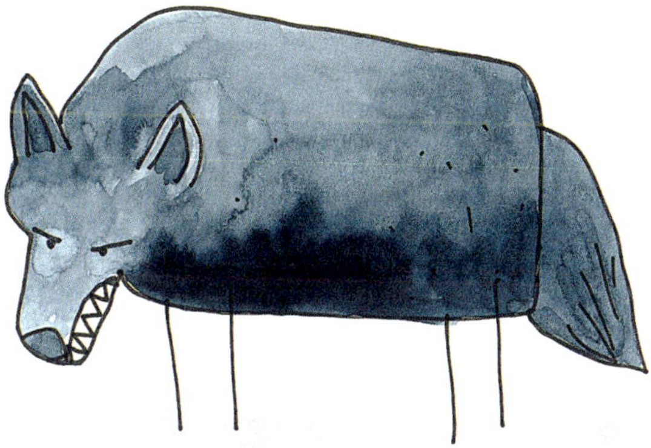

Canis Dirus (cane selvatico)

La brutta notizia è che sono i cani più pesanti che ci siano, lunghi fino a un metro e mezzo, con denti enormi e un cervellino piccolo piccolo. La buona notizia è che si sono estinti 10.000 anni fa. Fiuuu!

Cão de Água Português

Amico dei pescatori e abile pescatore esso stesso, è capace di recuperare le reti bucate e nuotare tra le imbarcazioni per consegnare messaggi. Quello di Obama, Bo, è un degno rappresentante della razza. Forse è così che il presidente invia messaggi top secret!

Carlino

Cuor contento, affettuoso e dispettosissimo, il Carlino è un maestro di ipnosi: guardatelo in quegli occhi grandi, scuri e profondi e finirete all'istante sotto il suo incantesimo. Almeno finché non inizierà a rantolare, sniffare e russare.

Catalburun

Con il loro naso diviso, questi Pointer Turchi difficilmente vinceranno un concorso di bellezza. Il loro nome significa naso 'biforcuto'. Ma come Quasimodo in 'Notre Dame' di Victor Hugo, forse non sono carini, ma di sicuro sono molto bisognosi di amore!

Cavalier King Charles Spaniel

Una razza molto graziosa di spaniel che decisamente ama interagire con gli umani. Non posseggono una molecola di aggressività, benché, in quanto cavalieri, non se la cavino male con la spada.

Chesapeake Bay Retriever

I 'Chessies' adorano l'acqua in quanto discendono da due cani sopravvissuti al naufragio di un vascello inglese al largo delle coste del Maryland. Cercate un cane pigro? Allora cercate altrove.

Chien de Saint-Hubert (Bloodhound)

Sapete, vero, di chi parliamo: quei cani con il muso penzolante. Che, come gli investigatori più ostinati, seguono senza tregua gli odori, soprattutto dei cervi e dei cinghiali. Sono stati utilizzati anche per seguire le tracce degli uomini, ed è per questo che gli scozzesi li chiamano 'segugi-detective'.

Chihuahua

Cani bonsai provenienti dal Messico e con una storia millenaria alle spalle. È la razza preferita da un certo tipo di ragazze vip. Questi cagnolini adorabili hanno un discreto caratterino e non è infrequente vederli fare i capricci dentro una borsetta da donna.

Chinese Crested Dog

Alcuni cani si distinguono per le orecchie. Altri per il manto. Questi sono completamente glabri con l'eccezione della testa, della coda e delle zampe. D'inverno hanno bisogno del Barbour.

Chow Chow

Narra la leggenda che questo cane cinese abbia la lingua blu perché all'inizio dei tempi ha leccato un pezzetto di cielo. Quel che è certo, è che si tratti di una razza antica. Una volta erano considerati delle prelibatezze culinarie. Da non confondersi con i Chow Mein, gli spaghetti cinesi.

Cockapoo

Un incrocio stupendo fra un Cocker Spaniel e un Barbone. Conosciuti negli Stati Uniti fin dagli anni Cinquanta del Novecento, questa razza adorabile si presenta in tante forme e colori. Vi sveglieranno all'alba al grido di 'Cock-a-poodle-do'.

Cocker Spaniel

È lo Spaniel più famoso. Il nome proviene dal lavoro che svolgevano un tempo: stanare e recuperare le beccacce (woodcock). Ai giorni nostri è più facile che questi simpaticissimi cani stanino e recuperino le vostre ciabatte.

Coton de Tuléar

Niente di meno che il cane reale del Madagascar! Ha più o meno l'aspetto di un'esplosione in una fabbrica di cotone.

Coyote (cane selvatico)

questi nordamericani sono accorti e veloci. Possono correre a sessanta chilometri orari che è davvero eccessivo se ti piace la caccia alle rane, agli insetti e alla frutta. A dire il vero mangiano di tutto. Sarà questa la ragione del loro successo (tranne quando si chiamano Willy e inseguono Bip-Bip).

Dalmata

I famosi cani a pois anche se nascono bianchi. Inizialmente erano 'cani da carrozza' e correvano a fianco delle carrozze nel periodo della Reggenza. Lo sguardo fermo di questi cani fa pensare che ne sappiano molto più di te e che probabilmente abbiano una laurea.

Dingo (cane selvatico)

I Dingo sono una sottospecie di Lupo Grigio. Non sono cani da compagnia e sono piuttosto selvatici. Ma lo sareste anche voi se mangiaste piccoli canguri e doveste fare attenzione ai coccodrilli.

Dobermann

Questa razza di pinscher venne sviluppata da un esattore delle tasse tedesco che voleva scoraggiare i debitori ritardatari. Sono intelligenti, forti ed eccellenti segugi. Pagate puntualmente!

Dogue de Bordeaux

Hanno un testone enorme e la pelle rugosa e pendula che li fa sembrare dolcemente confusi.

Épagneul Breton

Sembra uno Spaniel sui trampoli. Sono cani sensibili e spesso timidi. Ottimi cani da recupero, se vi piace sparare agli uccellini.

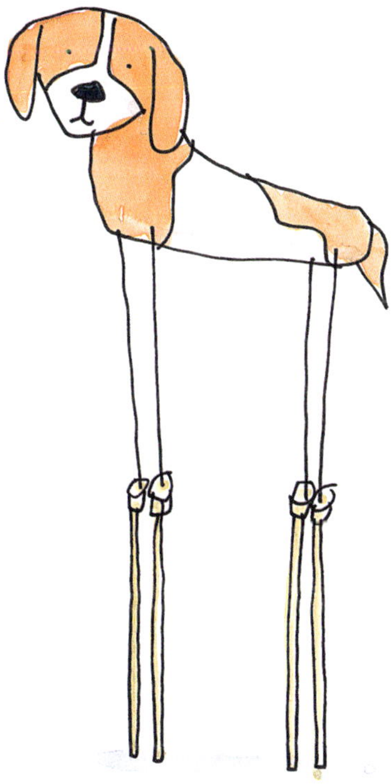

Flat-coated Retriever

Molto simile al Labrador ma con il pelo liscio, setoso e lucido che fa ingelosire le altre razze. Cani perfetti per la famiglia, sono ottimi lavoratori. Erano i preferiti dei pescatori, cosa che spiega la loro passione per il nuoto.

Fox Terrier

Due le versioni: a pelo liscio o riccio. Praticamente inesauribili, sono i Marco Polo del mondo canino data la loro passione per l'esplorazione. Naturalmente amano anche cacciare conigli, ratti e, ovviamente, le volpi.

Foxhound

Un cane molto socievole dotato di grande energia, spesso impiegato nella caccia. Se fossero esseri umani li trovereste al bar, gli ultimi a tornare a casa il venerdì sera!

Gatto

questo libro mi fa veramente schifo.

Goldador

Suona come un compare di James Bond ma in realtà è un incrocio tra il Golden Labrador e il Golden Retriever. Risultato: super adorabili e super intelligenti. Sono anche eccellenti cani-guida e da assistenza. A scuola sempre i primi della classe.

Golden Retriever

I modelli del mondo canino, hanno i ruoli migliori in TV. Gli altri cani li attirano nelle pozzanghere per pareggiare i conti.

Greyhound

Con i suoi sessanta chilometri all'ora, il dolce Greyhound è il cane più veloce. Incisioni nelle tombe egizie rivelano che si tratta di una delle razze più antiche. A proposito di incisioni, in America tutti i Greyhound che gareggiano hanno un tatuaggio. Cool!

Griffone di Bruxelles

Se vi sentite snob, allora prendete un Griffone di Bruxelles. Utilizzati dai cocchieri per tenere i topi lontani dalle scuderie. Per dirla tutta, non sono particolarmente avvenenti con quel muso corto e prognato e il morso inverso, ma sono incredibilmente affettuosi e fedeli.

Havanese

questa razza Toy è il cane nazionale di Cuba e adora essere al centro dell'attenzione. Ha un pelo voluminoso e setoso che può avere diversi colori. La versione bianca viene talvolta scambiata per un fantasma.

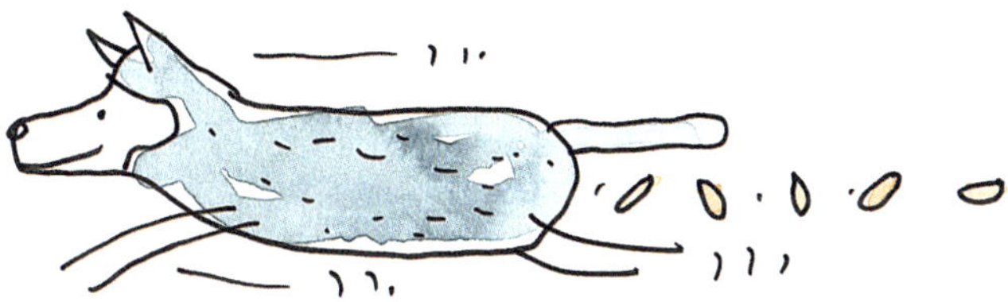

Husky

Forte, energico e vivace, adora dormire all'aperto a quaranta gradi sotto zero. Può andare felicemente alla toilette mentre traina una slitta (quindi siete avvisati). I loro chiarissimi occhi azzurri sono in realtà dei laser adatti a tagliare il ghiaccio.

Iena Maculata (Iena Ridens)

Questo spazzino sorridente è il carnivoro più diffuso in Africa. Vive in branchi che arrivano fino a cento esemplari. Le femmine sono anche tre volte più grosse dei maschi ed è comprensibile che dettino legge nel branco. In effetti, però, le iene sono più imparentate con i gatti che non con i cani. Chi lo sapeva?!

Il cane dei Faraoni

Antiche incisioni ritrovate nelle tombe egizie rivelano che questi cani non sono cambiati nel corso dei millenni. Esatto, hanno sempre avuto quelle enormi orecchie a punta. Riescono a leggere i geroglifici senza problemi e lavorano come insegnanti di lettere classiche.

Jack Russell Terrier

Piccolo, muscoloso e felice di abbaiare a ogni cane o umano che passa nelle vicinanze. Nel mondo canino si sono fatti la reputazione di bulli, in verità sono piuttosto cacasotto. Odiano essere lasciati da soli e in realtà vorrebbero fare amicizia con tutti.

Jug

Un incrocio tra un Jack Russell e un pug. Questo felice ibrido è curioso, vivace, amante delle coccole.

King Charles Spaniel

Più piccolo del Cavalier e con il naso schiacciato. Ma esiste qualcosa di più setoso? Non sono cambiati dalla Restaurazione e hanno un debole per il croquet, il tè del pomeriggio e la musica barocca.

Komondor

Una razza da guardia ungherese abituata alle grandi pianure: nonostante il loro buffo aspetto non bisogna scherzare con questi enormi spazzoloni. Non sono adatti alla vita cittadina a meno che non abitiate in una zona funestata da lupi e orsi.

Kuri

Ormai estinti, sono vissuti in Nuova Zelanda fino all'inizio dell'Ottocento. La loro carne era considerata una prelibatezza e secondo l'esploratore James Cook, era saporita come l'agnello. Argh!

Labradoodle

Se possibile più salterino di uno Springer Spaniel. Così affettuoso che forse ha due cuori (uno Barbone e uno Labrador). Quando dorme sul divano può essere scambiato per un soffice cuscino.

Labrador Chocolate (Brown)

Hanno la nomea di essere un filo più grassi e un filo più tontoloni dei Labrador Neri. Ma in realtà è un trucco, così possono starsene con il fondoschiena solidamente piantato per terra. Sono ottimi poggiapiedi e puliscono perfettamente il pavimento. Pulirebbero molto volentieri anche i vostri piatti per la verità.

Labrador Giallo

Sì, è vero: i Labrador Neri, Marroni e Gialli non sono razze diverse, sono solo Labrador Retriever di diversi colori. Ma ci piacciono così tanto che abbiamo pensato meritassero tre voci distinte. La varietà gialla è super rilassata e insuperabile nell'annusare droghe illegali (i due fatti non sono collegati).

Labrador Nero

Molto affettuosi e vagamente tontoloni, con una certa tendenza a mangiare qualsiasi cosa sia in vista. Potete restare ore a guardarli mentre si fiondano in acqua a recuperare una pallina da tennis. Invecchiando tendono a ingrigire un pochino e a ingrassare. Un tapis roulant e una buona tintura sono la soluzione.

Lagotto Romagnolo

Un cane da caccia con un nome degno di un senatore romano. Sono estimatori delle cose belle della vita, motivo per cui usano il loro naso per trovare i tartufi. Probabilmente apprezzano anche un buon Sangiovese. Buon appetito!

Lakeland Terrier

Una razza robusta e forte originaria del Lake District, in Inghilterra. Possono essere cocciuti e diventano improvvisamente sordi ai richiami se c'è qualcosa di più interessante da fare.

Lapinkoira

Una razza molto ubbidiente che viene dalla Lapponia ed è tradizionalmente usata come cane pastore per le renne. Il cane preferito da Babbo Natale.

Leonberger

Il sindaco di Leonberg ha prodotto questa razza simile al leone in onore della sua città. Per fortuna la somiglianza è solo fisica. Questo gigante gentile proteggerà il vostro gregge invece di mangiarselo per cena.

Levriero Irlandese

Una razza antica usata come cane da guerra. Sono i cani più alti del mondo e hanno bisogno di molto spazio per sfogarsi. Sono affettuosissimi, anche con gli estranei e adorano lanciarsi a tutta velocità incontro alle persone per salutarle, fermandosi di colpo prima di investirle.

Levriero Russo (Borzoi)

I cani cacciatori di tutte le Russie, questi cani alti e agili erano usati nel passato per le battute di caccia in branchi di più di cento esemplari! Oggigiorno preferiscono di gran lunga rilassarsi davanti al fuoco leggendo Tolstoj.

Lhasa Apso

Anche se hanno l'aspetto di palle di pelliccia costose da mantenere e senza cervello, di fatto sono stati selezionati come cani per allertare i monaci buddisti dell'arrivo di intrusi. Non dormono, meditano. Ommm.

Licaone (cane selvaggio africano)

Assolutamente fuori di zucca. Selvaggio nel senso sarebbe-proprio-in-grado-di-mangiarti. Tristemente a rischio di estinzione.

Lupo Grigio

La madre di tutte le nostre razze domestiche e il più grande di tutti è il Lupo Grigio. Non ululano alla luna ma amano cantare in coro di notte. Le loro voci si sentono fino a quindici chilometri di distanza: utilissimo se perdi il resto del branco. Una sorta di GPS canino.

Maltese

Un cane Toy. Hanno l'aspetto di un giocattolo e, se vogliamo dirla tutta, hanno anche il cervello di un giocattolo. In ogni caso è una razza antica, è quindi possibile che siano più saggi di tutti noi e facciano finta di niente in modo da non dover badare alle pecore o andare a caccia.

Maltipoo

Il nome non è granché ma sono carini. Una via di mezzo tra un Barbone e un Maltese. Sono così graziosi che non sembrano veri ma lo sono e lo rendono noto con i loro guaiti. Tanti guaiti. Ssst!

Mastino Inglese

Più che mastini sono massicci! Nati per fare la guardia hanno bisogno di un umano che li guidi con fermezza e li faccia socializzare in modo adeguato. Non sono dei buoni compagni in camera da letto perché russano forte.

Mastino Tibetano

Questo gigante con il pelo spesso e denso è decisamente regale: sta sulle sue, è solenne, sorveglia la sua gente ed è totalmente disinteressato a obbedire.

Norfolk Terrier

Piccoli e compatti cacciatori di topi,
non hanno paura di avversari più grandi.
Detto questo sono dei cani amichevoli
e molto meno litigiosi di tanti Terrier.
Davvero educati!

Norsk Lundehund

Intelligenti, discreti e felici di fare pipì ovunque. Hanno uno scheletro incredibilmente flessibile perfetto per cacciare pulcinelle di mare, quando andava di moda. Hanno sei unghie per zampa e per questo sono eccellenti pianisti.

Norwich Terrier

Sono dei Norfolk Terrier però con le orecchie appuntite. Davvero: è l'unica differenza.

Otterhound

Enormi e scemotti. Amano l'acqua a tal punto che preferiscono berla dal fondo di un secchio pieno. Purtroppo sono una razza a rischio di estinzione.

Papillon

Piccolino, orgoglioso e grazioso, come tutti i parigini a volte si dà parecchie arie. Il suo nome vuol dire farfalla e si riferisce alle sue meravigliose orecchie. Nei giorni tersi li si può vedere svolazzare intorno alla Torre Eiffel.

Pastore Afghano

Cani alti, eleganti e signorili, dotati di vista eccellente. Hanno la tendenza a tirarsela un po'. Necessitano di shampoo e piega (boccoli facoltativi).

Pastore Maremmano

Grande, di origini italiane. Non è una razza adatta ai principianti; sono tosti, coraggiosi cani da guardia. Sopportano senza difficoltà la neve e combattono i lupi. Non hanno un aspetto feroce, hanno un muso nobile, distaccato, rassicurante, un po' come degli speaker televisivi.

Pastore Tedesco

I commando del mondo canino. Un tempo noti come Alsaziani, sono probabilmente la razza più popolare. Grandi amici, implacabili nemici. Ragion per cui 50.000 esemplari furono arruolati nell'esercito tedesco durante la prima guerra mondiale.

Patterdale Terrier

Un cane da lavoro coraggioso ma sentimentale. I Patterdale amano fare festa, ma anche stare seduti sul tuo piede per tenere il posteriore al caldo e per essere sicuri che non andiate da nessuna parte senza portarli con voi.

pechinese

Cani reali cinesi. La leggenda narra che i pechinesi abbiano un'origine molto particolare. Sembra che un leone innamorato sia stato rimpicciolito dagli dei per permettergli di frequentare e sposare la scimmietta dei suoi sogni. Una storia d'amore piuttosto originale.

peekapoo

questi piccoletti incantevoli sono un incrocio creato circa sessant'anni fa. Sono ipoallergenici, soffici e amano abbaiare. Sembrano, per aspetto e voce, quei cagnetti elettronici che fanno le capriole.

Perro Sin Pelo del Perú

Questa razza ha più di mille anni!
Forse è per questo che spesso è
senza pelo e sembra un vecchietto?
Così nudo fa arrossire gli altri cani.

Plott Hound

Fu introdotto in North Carolina nel 1750 dai fratelli Plott, uno dei quali morì durante il viaggio dalla Germania. I Plott sono adorabili, intelligenti e di natura cacciatori. Se non vengono rinchiusi, infatti, c'è il caso che se ne vadano bellamente a caccia di un procione, un orso o un coyote.

Podenco Ibicenco

Come un Fox Terrier, può essere a pelo liscio o ruvido. Aggraziato come un cervo, ha gli occhi color ambra e le orecchie talmente grandi da captare i segnali radio. Musica preferita: Trance, Tecno e chitarra spagnola.

Pointer Inglese

Non è solo un puntatore, ma anche un segugio, un cacciatore, un corridore, un pensatore e probabilmente anche un vero e proprio filosofo, per quanto ne sappiamo. La punta, in realtà, è davvero l'ultimo dei talenti di questo cane.

Pomerania

Questi piccoli batuffoli di pelo un tempo erano abili cani da slitta artici. Quando erano un po' più grossi, ovviamente, prima che venissero incrociati per diventare cani da compagnia di piccola taglia. Tra i proprietari di Pomerania più famosi si annoverano la regina Vittoria, Michelangelo e Isaac Newton!

Puli

Discendente di un'antica razza ungherese, il Puli fa il cane pastore da oltre un millennio, il che potrebbe spiegare perché non abbia mai avuto tempo di pettinarsi. Insomma, un cucciolo perenne dentro, un Rasta con dreadlock fuori.

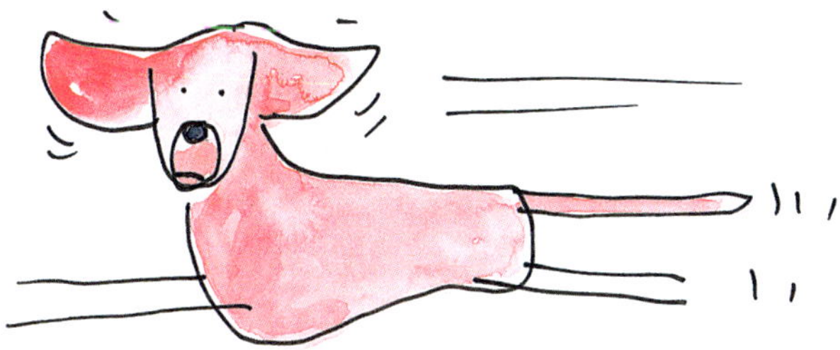

Redbone Coonhound

'Dov'è finito quel procione?' questi rossi americani sono cacciatori, segugi e nuotatori. E con quelle orecchie potrebbero pure volare.

Rhodesian Ridgeback

Razza molto fedele proveniente dal Sudafrica, il nome 'cresta al contrario' deriva evidentemente dalla striscia di pelo che hanno sul dorso, che cresce nel verso opposto al resto del mantello. In origine erano allevati per la caccia dei leoni, quindi devono essere o molto coraggiosi o molto stupidi.

Rottweiler

Imponente e potente cane da guardia che si è diffuso in tutta Europa grazie alla sua popolarità all'interno dell'esercito romano ai tempi dell'Impero. In passato era la razza preferita dai macellai della città di Rottweil, in Germania. E ancor oggi lo è, come recita il proverbio 'più in forma del cane di un macellaio'.

Rough Collie

È come uno Smooth Collie a pelo corto, ma... più ruvido. Quest'affettuosa razza di origine scozzese possiede un meraviglioso pelo lungo che necessita una costante strigliatura. Perché questo manto così folto? Be', siete mai stai sulle Highlands scozzesi? Brrrr!

Saluki (Levriero persiano)

Una delle razze più antiche, è conosciuto anche come Cane reale d'Egitto. Possiedono una coda e delle orecchie stupende, lunghe e soffici. In più le zampe sono dotate di cuscinetti extra che li rendono dei veri maratoneti.

Samoiedo

Amatissimi dai loro padroni nomadi, i popoli samoiedi e nenci, sono una bellissima razza siberiana dal colore bianco neve con labbra sorridenti nero corvino. Si sono ben adattati ai climi freddi grazie alle loro simpatiche zampe pelose. Questi cani dolci e intelligenti sono i veri esploratori dell'Artico.

San Bernardo

Questo gigante buono è storicamente noto per la sua opera di soccorso alpino. La fiaschetta al collo è un po' un mito, ma chi direbbe di no a un goccio di brandy abbarbicato su una cengia?

Schipperke

Invitanti come un cioccolatino belga: si presentano in modo estremamente elegante, ma meglio non prenderne troppi. Queste palle di pelo sono, infatti, anche note come piccole volpi nere perché sono molto dispettose.

Schnauzer

Un grande fan di Movember, non a caso letteralmente Schnauzer significa baffi. Le femmine di questa razza sono molto in imbarazzo a tal proposito.

Schnoodle

Cosa succede quando si incrocia uno Schnauzer con un Poodle, ovvero un Barbone? Un'ars topiaria con i baffi.

Sciacallo (cane selvatico)

Gli splendidi e snelli sciacalli dormono di giorno e fanno colazione la sera con insetti, piccoli mammiferi e anche carogne in putrefazione. Carino!

Scottish Terrier (Scottie)

Elegante e di dimensioni ridotte, trotta come un cavallo da dressage. Tremendamente diffidente verso gli altri cani, che considera esseri inferiori. A dire il vero, possono essere molto scontrosi.

Setter Gordon o Setter Scozzese

Molto bello con un manto sottile, nero, soffice e setoso e un muso volitivo. Sono parenti dei Setter Irlandesi e Inglesi. Nessuno sa chi sia Gordon, però.

Setter Irlandese Rosso e Bianco

Se non lo fate correre tanto questo atletico e indipendente bracco si rifarà distruggendo la vostra roba. Sono totalmente privi di istinti di difesa e per questo motivo sono amici fantastici e bravi con i bambini.

Shar Pei

Avete capito quali sono, no? Lingua blu-nera, dall'aspetto morbidoso e stropicciato, sembra che vestano il vello di un cane più grande. Il loro pelo sovrabbondante e ispido li protegge, fin dai tempi dell'antica Cina, quando combattevano con altri animali. E la lingua? Be', quello è semplicemente un coup de théâtre.

Shiba

È il più piccolo dei cani originari del Giappone ed è amico di tutte le altre razze, dei bambini e persino dei gatti. Nei fine settimana gli piace andare in montagna.

Shih Tzu

Pronunciate 'shihtzu': sì, lo sanno anche loro, ricorda proprio il suono di 'shit', cacca eppure il loro nome significa 'splendido cane leone'. Sono originari del Tibet, dove sono stati allevati dai monaci come scalda testa. Niente di più probabile.

Skye Terrier

Si dice abbiano antenati spagnoli e vichinghi, e sono la più antica razza scozzese, ma ormai sono molto rari. Erano i cani preferiti della regina Vittoria: Sua Altezza Reale, probabilmente, dovette reclutare qualche parrucchiere di corte in più.

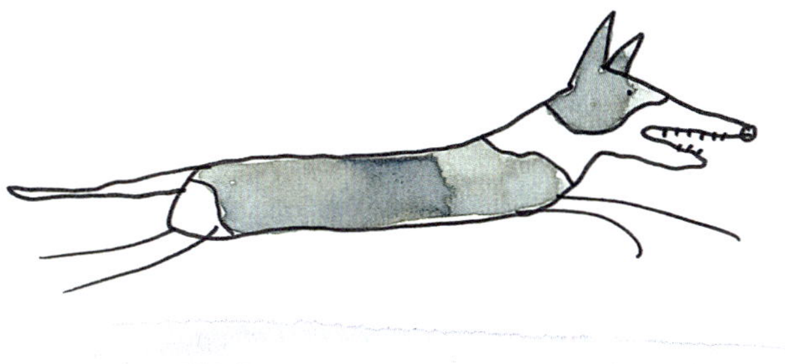

Smooth Collie

Esattamente come i loro omologhi più pelosi, questa è una razza di cani intelligenti e fedeli che vi condurranno con gioia verso un recinto insieme alle altre pecore. La loro reputazione è di essere i più veloci tra i Collie: forse il pelo corto li rende più aerodinamici?

Spitz Americano (Eskimo)

Un nome un po' scemo perché non è né un Americano né un Eskimo. Proviene dal Nord Europa. Questi cani hanno il pelo candido, sono molto intelligenti e hanno la tendenza ad abbaiare agli estranei. Ne esistono le versioni Toy e Miniature, da borsetta e da tenere in grembo.

Spitz Finnico

Cani da guardia dal mantello fulvo, fanno gare di abbaio in patria, la Finlandia. Se vi sembra che Spitz sia un nome astruso, provate a pronunciare quello originario: Suomenpystykorva.

Springer Spaniel

Completamente e meravigliosamente pazzo, o è intelligentissimo o decisamente stupido. Usa una piastra arricciacapelli per mantenere la sua acconciatura stile anni Ottanta.

Staffordshire Bull Terrier

Affettuosi e obbedienti, gli Staffordshire venivano utilizzati in competizioni violente come la tauromachia per via della loro resistenza e del loro coraggio. E infatti esiste forse un'attività fisica che non amino? Be', non sono grandi nuotatori, ma tutto il resto è pane per i loro denti!

Taco Terrier

Mix curioso tra un Chihuahua e un Fox Terrier Toy, il risultato sono orecchie enormi (davvero enormi) e una mente pronta. Ah, non nutriteli a tacos.

Talbot

Multo popolare nell'Europa medievale, questi cani da caccia color bianco latte potrebbero essere, tra gli altri, gli antenati del Beagle. Oggi sono estinti, ma se ne può vedere ancora qualcuno sulle insegne dei pub inglesi.

Telomian

Originario della foresta pluviale malese, i suoi compagni umani vivevano su palafitte per evitare i troppi serpenti, scorpioni e altri brutti insetti. Così il Telomian ha sviluppato una grande capacità di arrampicarsi. Gatti, siete avvisati!

Terranova

Cani massicci e incredibilmente stoici. In origine selezionati per aiutare i pescatori a Terranova, in Canada. Hanno un pelo impermeabile e delle grandi zampe palmate. Sbavano più di qualunque altro cane sulla terra. (La bava dei Terranova si può acquistare.) Meglio mettersi al riparo quando si scrollano.

Terrier Irlandese

Un briccone incosciente con un cuore d'oro. Ha un pelo caldo, ispido e fitto per proteggersi dal clima irlandese. Racconta barzellette spassose.

Terrier Tibetano

Questa razza sensibile è vissuta per secoli a stretto contatto con i monaci buddisti, quindi dovrebbe avere un ottimo karma.

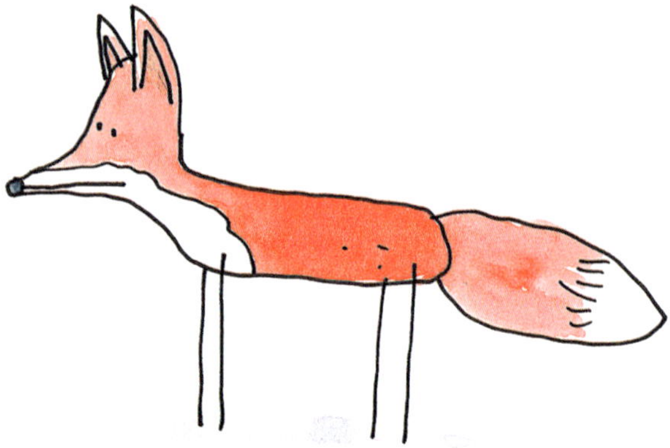

Volpe (cane selvatico)

Sono quasi trenta le specie definite come volpe. Tutte adattabili, allerta e intelligenti. Così intelligenti che nelle favole hanno sempre il ruolo di personaggi astuti. A causa delle loro ghiandole odorifere sono piuttosto puzzolenti. Bleah!

Volpe Artica

Sembrano adorabili, ma non sono propriamente animali da compagnia, visto che proverebbero a installarsi nel freezer di casa e probabilmente cercherebbero di mangiare gli altri vostri animali da compagnia. Hanno una discreta passione per i cuccioli di foca.

Weimaraner (Bracco di Weimar)

Il dibattito è aperto da molto tempo: sono sciocchi o sono semplicemente concentratissimi su qualcosa? Proprio come una costosa auto di lusso, potete tirarli a lucido con un panno di daino.

Welsh Corgi (pembroke)

Più che vivace, ma molto leale, solitamente possiede delle grandi orecchie con cui ascolta tutto. È il preferito dalle regine e lo sa.

West Highland White Terrier (Westie)

Il Westie di solito ha due caratteristiche principali: è adorabile e stizzoso. Quest'impavido Terrier, poi, non è molto soddisfatto del suo manto bianco e cercherà, quindi, di rotolarsi ovunque per aggiungere un po' di colore.

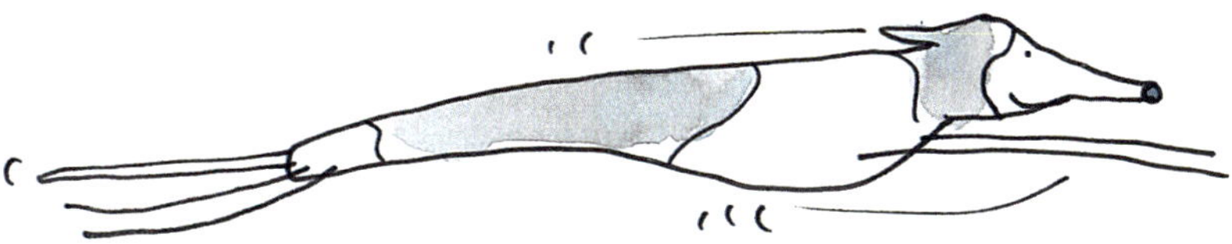

Whippet

Tranquilli, dignitosi, veloci e con una vista acutissima, sembra sempre che sentano freddo e che qualcosa li preoccupi. Al parco, amano sfidare in una gara di corsa gli altri cani, specialmente quei Labrador tonti e grassottelli.

Yorkipoo

Ovviamente sono un incrocio tra uno Yorkshire e un Poodle (Barboncino): ma chi si inventa questi nomi? Potevano chiamarlo Yordle o Porkshire, o anche Pooshire... OK, forse Yorkipoo non è poi così male.

Yorkshire

Cocciuti, fieri, spesso rumorosi e
sempre pronti ad alzarsi in piedi.
Questi sono gli abitanti dello Yorkshire,
e i loro cani sono praticamente
identici.

Fotocomposizione:
Nuovo Gruppo Grafico S.r.l. - Milano

Finito di stampare
nel mese di novembre 2015
da MS Printing s.r.l. – Milano
Printed in Italy